ELETTRONICI

il percorso dell'elettrone

MARCOS CERVANTES JANSSEN

LETR ROJA

ELETTRONICI

IL PERCORSO DELL'ELETTRONE

A cura di: Marcos Cervantes Janssen

INDICE:

- PREMESSA — 6
- RESISTENZA — 8
- INDUCTOR — 11
- CONDENSATORE — 14
- DIODO — 17
- TRANSISTOR — 19
- CIRCUITO INTEGRATO — 22
- EPILOGO — 23

Prima edizione: 7 agosto 2022

Copyright © 2022 Marcos Cervantes Janssen

A cura di Editorial letr@Roja

https://www.facebook.com/LETRA3ROJA

https://www.newtek.janssen@gmail.com/letra33roja

PROLOGO

https://newtekjanssen.es.tl/letra3roja@gmail.com

PREMESSA:

Comprenderai in modo davvero pratico i componenti, i simboli, i concetti e le parti essenziali di questa meravigliosa scienza, presente in tutti i settori della nostra vite, istruzione, medicina, cucina, intrattenimento, affari, comunicazioni e molti altri conosciuti, che nella vita quotidiana danno un grande contributo alla nostra efficienza in diversi settori.

Il percorso dell'elettrone attraverso diversi materiali, si traduce in molte applicazioni utili per l'umanità, essendo l'elettrone una particella elettrica esistente e che in un insieme di migliaia, produce una corrente, chiamata elettricità, questa corrente viene trasformata e produce diversi fenomeni quando manipolata da i componenti nei diversi moduli che vedremo qui.

Gli elettroni fanno parte degli atomi, particelle che compongono tutto ciò che esiste nell'universo, in modo tale che ogni componente elettronico risponda in modo diverso al passaggio degli elettroni o della corrente elettrica, questa energia scorre attraverso una differenza di potenziale.

Ti presenterò con un linguaggio chiaro e diretto, gli eventi accaduti in ogni componente e le loro applicazioni pratiche, nell'uso quotidiano della vita, così capirai ed entrerai, in un mondo molto interessante, presente e futuro senza dubbio. Oggi tutta la comunicazione e il mondo dei computer dipendono direttamente da questi movimenti precisi dell'elettrone attraverso circuiti informatici e altri dispositivi che hanno circuiti pieni di componenti, presenza, assenza e interazione, è l'argomento che ci interessa in questo trattato, vedremo formule di base e semplici per una migliore comprensione di questo argomento così necessario e attuale.

RESISTENZA:

La resistenza è un componente, che come indica il nome resiste, nel caso dell'elettrone e del suo passaggio attraverso di esso, la resistenza ne interrompe il flusso, è in modo pratico, come schiacciare un tubo, o chiudere parzialmente il rubinetto, determinando una diminuzione del flusso d'acqua, è in questo modo che si riduce il flusso elettrico, questo significa che un minor numero di elettroni attraversa una resistenza, in quanto questa ha un valore di resistenza maggiore, la riduzione del flusso elettrico ci consente per controllare i diversi effetti della corrente elettrica nei nostri strumenti e ottenere i risultati desiderati dal nostro progetto, sfruttando così le variazioni di temperatura e flusso elettrico.

Controllare la tensione è di vitale importanza per il soggetto digitale perché sappiamo che l'1 logico in matematica binaria è una tensione di 5 volt e la sua assenza è lo zero binario, con cui viene trattato questo meraviglioso mondo di bit, dalla definizione di tensione attuale. La resistenza quando si esercita detta azione al passaggio di elettroni, produce calore, un effetto termico che rappresenta la trasformazione dell'energia, un esempio pratico sono i riscaldatori base per trattare l'acqua in un secchio, ricordiamo anche il sistema di sbrinamento del lunotto nelle automobili , e come altro esempio comune il ferro da stiro. Ciascun resistore in base alla sua dimensione e valore produce questo effetto termico in base al valore e al flusso elettrico che lo attraversa. Se viene superata la corrente ammessa per ogni tipo di resistenza, si fonde come un fusibile, per questo motivo è necessario conoscere le specifiche di lavoro.

La resistenza nei circuiti elettronici è di dimensione millimetrica, e nell'industria, di notevoli dimensioni, costituita da un filamento, che all'interno di un corpo ceramico, ha delle proprietà chimiche di sua costituzione che si oppongono alla corrente elettrica. La corrente elettrica, non potendo passare linearmente come la sua natura propone, si trasforma in calore, quindi il corpo del componente ne risente nella sua temperatura esterna. In un circuito in serie, le resistenze si sommano, ma in un collegamento in parallelo dobbiamo usare una formula di calcolo speciale. C'è un codice colore che rivela nel corpo delle resistenze elettroniche, il suo valore funzionale, tutti questi dati sono necessari per la progettazione di moduli in elettronica.

INDUTTORE O BOBINA:

Questo componente è un elemento molto simile alla resistenza, ma il suo funzionamento non è quello di opporsi in questo caso al flusso elettrico, ma di opporsi alle sue variazioni, essendo molto importante per le comunicazioni e il filtraggio del segnale di frequenza. Vedremo nelle componenti due tipi di corrente elettrica, quella polarizzata detta corrente continua e quella alternata che scorre con una frequenza di cambio di poli. La bobina è una spirale che quando conduce corrente continua, non esercita opposizione e si comporta come un conduttore lineare, non così per corrente alternata, in questo caso la bobina si oppone alla corrente alternata, e si crea un campo magnetico attorno al componente, quindi il la tensione viene convertita in magnetismo invece che in calore come nel caso della resistenza.

Un esempio di utilizzo delle bobine è la sintonizzazione radio, in cui è di vitale importanza convertire i segnali elettrici in segnali magnetici, e in questo modo poterli trasmettere in aereo, allo stesso modo il ricevitore con le formule appropriate, può sintonizzare questi segnali dell'antenna creata, e ricevere le informazioni contenute, a distanze considerevoli. Avere un trasmettitore, e l'opportunità, che possa essere ricevuto, attraverso più moduli contemporaneamente, è stato il grande boom della radio, così come le comunicazioni sintonizzate, hanno fornito un corretto dialogo tra due punti specifici. Gli induttori oggi vengono utilizzati in applicazioni molto potenti come le microonde e la trasmissione di tensione aerea, come le nuove stufe a induzione magnetica, che offrono bassi consumi e un'elevata efficienza termica.

Quindi abbiamo l'antenna tesla, che è una bobina con una configurazione speciale e una costruzione molto interessante. Converte la corrente elettrica in un denso campo magnetico, chiamato plasma induttivo, che non è solo un vettore di segnale, ma anche un emettitore di tensione dell'aria attualmente utilizzato per la ricarica elettronica wireless di diversi dispositivi, le applicazioni degli induttori continueranno a svilupparsi. industria metallurgica, spaziale e medica, poiché la sua importanza nell'indurre è fondamentale nei progetti wireless ad alta tensione, insieme alla trasmissione informatica, oltre a ciò che si rivela nel tempo, sono oggi oggetto di studio e scoperta di innovazioni veramente necessarie per plasmare il nostro futuro in alimentazione wireless, questo per l'esplorazione dello spazio quantistico.

CONDENSATORE O CONDENSATORE:

Questo componente, a differenza della bobina, si oppone alla corrente continua, e non a quella alternata, è chiamato filtro per la sua funzione di stabilizzare la tensione al variare di essa, funziona sostanzialmente come accumulatore ad alta velocità di caricamento e scaricamento. Esistono due tipi di condensatore, quello ceramico per alte frequenze alternate, e l'elettricità, chiamato filtro, anch'esso realizzato ai suoi terminali, che viene utilizzato per sopprimere i picchi di tensione, chiamati rumore. Nell'elettronica digitale è di vitale importanza che il segnale sia molto stabile, poiché tutti i dati si basano su zero volt, e 5 volt, in modo che un picco di tensione fuoriesca senza che sia stato assegnato, se non solo per guasto tecnico. , provoca una falsa codifica e decodifica binaria, quando vengono rilevati bit illeggibili o aumentati.

I condensatori nei sistemi audio forniscono una definizione professionale, nonché l'equalizzazione necessaria con l'aiuto di bobine e resistori, per un'uscita sonora specializzata, ottenendo così tutti i livelli e le gamme specifici necessari per ogni strumento e tono vocale. , quindi il condensatore è vitale .

Il condensatore in combinazione con altri componenti, genera un segnale chiamato quadrato, che è una bussola che definisce la marcia consecutiva, nei processi digitali, quindi la programmazione è completamente basata su pacchetti di dati sincronizzati, è quindi per questo che la definizione di un segnale ripetitivo, ma di grande qualità nei suoi intervalli, porterà le informazioni a essere generate, trasmesse e lette in modo efficiente, in ciascuna delle apparecchiature digitali che conosciamo.

C'è un condensatore variabile, che all'interno di un circuito, effettua una serie di modifiche che consentono di sintonizzare frequenze diverse, o di generare a seconda dei casi, quindi nei sistemi digitali è possibile generare informazioni digitali e analogiche, in modi molto precisi per ottenere, velocità e sicurezza in questo settore. Anche nell'ambito della memoria, è proprio necessario che i condensatori mantengano i loro livelli precisi negli orari esatti, per contenere le informazioni precise nei dispositivi di memoria ea velocità effettive. In tema di accoppiamento elettronico, i condensatori svolgono compiti molto importanti, esiste un condensatore piezoelettrico, in grado di generare corrente elettrica, se pressato fisicamente, con determinate frequenze e scopi specifici.

DIODO:

Il diodo è un componente elettronico molto utile, con esso si fabbrica il transistor, il diodo conduce la corrente continua solo in una direzione, e la corrente alternata la rettifica, perché conducendo un solo polo avremo un solo segno per l'uscita sinistra del dispositivo, questo è chiamato rettifica.

Il diodo funziona come una presa idraulica, o la cosiddetta chiave di controllo, consente il flusso solo in una direzione, quindi il componente elettronico viene utilizzato anche nell'elettronica digitale per identificare zeri o uno.

I diodi raddrizzatori sono utilizzati in tutti gli alimentatori in commercio, la loro proprietà di pilotare solo in una direzione corregge e rettifica la polarizzazione errata nei circuiti di precisione, ogni diodo rappresenta un consumo tipico di 0,7 volt.

C'è un diodo speciale con il nome zener in onore dell'inventore, questo diodo ha la particolarità di far parte del ricevitore AM, che non necessita di batterie, questo è possibile, perché per la sua sensibilità, funziona solo con il funzionamento tensione del diodo , che è il segnale che entra nel circuito sopra l'aria attraverso la sua antenna e questo segnale viene convertito in tensione modulata dal diodo, quindi con l'aiuto di un auricolare piezoelettrico, sarà ascoltato abbastanza chiaramente. I diodi costituiscono attualmente circuiti integrati, quindi la logica combinatoria è possibile lavorare attraverso questi componenti che sono alla base delle porte logiche, quindi insieme ad altri componenti di base formano la base di semiconduttori miniaturizzati e compattati a migliaia, in questi minuscoli dispositivi, questo componente è indispensabile.

TRANSISTOR:

Questo componente ha tre terminali, chiamati base, collettore ed emettitore, con la base che controlla il componente e il collettore e l'emettitore che svolgono la funzione principale del componente. La funzione principale di questo componente è quella di essere interruttore, regolatore e cancello nell'elettronica combinatoria, quindi questo elemento dell'elettronica diventa il primo circuito integrato sviluppato. Supponiamo di capire, in modo pratico, che il componente che è un rubinetto in un tubo dell'acqua, essendo la manovella la base, l'ingresso dell'acqua il collettore e l'uscita dell'emettitore, quindi dipende dal movimento della manovella, cioè la base, che in elettronica è controllata dal numero di volt forniti alla base, è quindi la corrente tra collettore ed emettitore.

I transistor sono la base tecnica di microchip complessi, la loro proprietà di commutazione è quella che esegue la logica combinatoria necessaria allo sviluppo digitale, quindi miniaturizzato, e organizzato in sostanza in porte logiche, quindi avremo con questo il primo fondamento dell'elettronica computazionale, di già tre decenni di sviluppo, quindi continuerà in questo modo.

Abbiamo anche transistor di potenza, che sono per scopi industriali, quindi l'industria è stata automatizzata e con questi componenti come interruttori e regolatori, che controllano i processi di diversi campi dell'industria.Anche

Nell'area del suono, i transistor hanno sviluppato potenti amplificatori, fanno parte di complessi sistemi di equalizzazione e modifica per migliorare questa attività.

Nel campo delle misure e della strumentazione, i transistor in combinazione sono una serie di sensori, sono oggi ottimi strumenti medici e industriali nel settore speciale della misura, anche delle forniture controllate, nei sistemi remoti, per l'industria mineraria, la medicina e lo spazio la zona.

I transistor, siano essi di controllo o di potenza, stanno diventando sempre più avanzati, attraverso la ricerca, che ha fornito ulteriori incrementi di precisione, prestazioni e miglioramenti riducendo le dimensioni e aumentando l'efficienza.

Oggi il numero di transistor incapsulati nei microchip sta crescendo esponenzialmente, a causa dell'evoluzione della loro fabbricazione e dei miglioramenti nei loro progetti, che in futuro saranno come reti neurali.

CIRCUITO INTEGRATO:

È qui che tutti i componenti evolvono individualmente, riducendo le loro dimensioni e aumentando la loro efficienza, quindi, in un insieme per scopi speciali, sono interconnessi all'interno di un incapsulamento, chiamato circuito integrato.

Il cosiddetto IC è il vero centro dell'informatica, ogni scheda madre ha un microchip come unità di elaborazione, con innumerevoli elementi, costituiti da design molto specializzati e realizzati per scopi di alta precisione.

Per ragioni pratiche, le dimensioni della nostra tecnologia moderna stanno diventando ogni giorno più piccole, ma sempre più potenti, ci siamo resi conto che lo scopo di ciascuno di questi componenti complessi si sta evolvendo in modo incredibile.

EPILOGO:

Sappiamo che il nostro corpo umano è composto da diversi sistemi, in cui troviamo il sistema circolatorio sanguigno, e il sistema nervoso, in quest'ultimo, c'è una corrente elettrica che circola attraverso il nostro corpo.

I nostri neuroni sono anche carichi di energia, che circola senza sosta, per tutta la vita.

Nel meraviglioso tema dell'elettronica, ci rendiamo conto di come abbiamo imparato dalla natura, e riprodotto molte delle funzioni che essa dà origine, tutto questo ci ha portato per mano, a generare computer, è qui che sviluppiamo artificialmente, un mente artificiale programmata, che ha l'obiettivo di apprendere e prendere sempre di più le proprie decisioni, accumulando esperienza.

Più insieme al settore, del monitoraggio e del dar vita agli umanoidi con arti robotici, vengono forniti questi, menti artificiali, grazie ai microchip.

Che si tratti di computer, case e persino umanoidi, avremo in futuro robot in grado di reagire a principi di rispetto e aiuto reciproco.

Ricordiamoci che noi siamo i suoi creatori e per questo siamo responsabili del suo apprendimento, evoluzione ed eredità.

È così che le piante e gli animali si evolvono e che l'essere umano, attraverso la sua creazione, può davvero avanzare nella conoscenza totale della creazione.

È eccitante che ogni componente sia totalmente diverso, ma tutti sono essenziali e hanno un posto reale solo per loro, gli aggiornamenti della loro produzione ci portano per mano verso il futuro, essendo l'elettronica del futuro, il fatto di integrando la nostra realtà biologica, la sua corretta integrazione e il vero rispetto umano.

Per questo bisogna sempre riconoscere che l'elettronica è lo studio dei processi naturali ricreati dalle nostre mani a beneficio del bene comune.

Tutti i diritti riservati. In base alle sanzioni

,

senza l'autorizzazione scritta dei titolari dei *autore* ©

la riproduzione totale o parziale di quest'opera con

qualsiasi mezzo o procedimento

la riprografia e l'elaborazione informatica

.

Ciao, sono un ricercatore, scrittore e ingegnere delle comunicazioni, per tutta la vita ho vissuto situazioni forti in ogni modo, vorrei che la tua vita andasse sempre meglio e che tu evolvi il più possibile espandendo le tue conoscenze, la tua mente e sarà, sono sicuro che potremo trovare un ampliare la nostra esistenza, voglio accompagnarvi sempre, e vi ringrazio in anticipo SEI

Comprenderai in modo davvero pratico i componenti, i simboli, i concetti e le parti essenziali di questa meravigliosa scienza, presente in tutti i settori della nostra vita, istruzione, medicina, cucina, intrattenimento, affari, comunicazioni e molti altri conosciuti, che nella vita quotidiana danno un grande contributo alla nostra efficienza in diversi settori. Il percorso dell'elettrone attraverso diversi materiali, si traduce in molte applicazioni utili per l'umanità, essendo l'elettrone una particella elettrica esistente e che in un insieme di migliaia, produce una corrente, chiamata elettricità, questa corrente viene trasformata e produce diversi fenomeni quando manipolata dai componenti nei diversi moduli che vedremo qui. Gli elettroni fanno parte degli atomi, particelle che compongono tutto ciò che esiste nell'universo, in modo tale che ogni componente elettronico risponda in modo diverso al passaggio degli elettroni o della corrente elettrica, questa energia scorre attraverso una differenza di potenziale. Ti presenterò con un linguaggio chiaro e diretto, gli eventi accaduti in ogni componente e le loro applicazioni pratiche, nell'uso quotidiano della vita, così capirai ed entrerai, in un mondo molto interessante, presente e futuro senza dubbio. Oggi tutta la comunicazione e mondo dei computer dipendono direttamente da questi movimenti precisi dell'elettrone attraverso circuiti informatici e altri dispositivi che hanno circuiti pieni di componenti, presenza, assenza e interazione, è l'argomento che ci interessa in questo trattato, vedremo formule di base e semplici per una migliore comprensione di questo argomento così necessario e attuale.

www.ingramcontent.com/pod-product-compliance
Lightning Source LLC
Chambersburg PA
CBHW050327220526
45465CB00005B/2172